Christophe Cazenove   **Cosby**

[法] 克里斯托夫·卡扎诺夫 著   [法] 科斯比 绘   郭纯 译

贵州出版集团
贵州人民出版社

昆虫的名字——复合名词①

奶奶，来看这个！

昆虫馆

①复合名词：很多昆虫的名称是由两个名词合成的，一个代表它形似的生物，一个表示它本来的种属，比如文中的"熊猫蚂蚁""野牛角蝉"就是这样命名的。

我之前听说过这种虎蚁！

嘀嘀！

这叫蝎蛉！哇哦！

ZZZ

这是熊猫蚂蚁，难以置信！

噗！

犀金龟！看它多奇怪！

你认识这种昆虫吗，这叫野牛角蝉。

啧！

姑娘们，来看这个！

看！这叫吸盘男孩！

我也听说过！

哇哦！

难以置信！

122

1

沙泥蜂有个特点，它会使用工具！

？！

咣！

啪！啪！啪！

啊！！！完蛋了！我没法儿用这个破石头把洞口弄平！

看起来要干上好几年！

要找另一样工具！

更快！

更硬！

更方便！

这片叶子怎么样？这么大一片！

呃……不够坚固！

那草茎呢？

我是要平洞口，不是要打扫！

没用！

那为什么不用松子呢？它们够硬，就像小铁锹！

对了！

哈！

又硬又快又方便……这正是我想要的！

来吧，赶紧干活，懒鬼们！

啪！啪！啪！

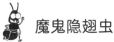

4

各种各样的粉蝶

请我们来博物馆, 真是太好了!

对……

太棒了!

羽毛、皮肤、骨头、纤维、纸张, 就没有不合我们胃口的!

对, 我们就是小偷里的大师!

看, 这幅完美的作品!

对!

这幅画多美啊!

好了, 蛀虫、书虱和皮蠹, 我想你们一口就能把它干了吧!

啊呜!

酷!

开干!

咔嚓!

啊呜!

啊呜!

咔嚓!

咕噜!

啊呜!

咕噜!

我们就像饿狼一样!

饱餐一顿!

嗝!

我们忘了这颗钉子……

那么, 谁是最厉害的?

我们两个就可以清空一座博物馆!

好了, 最难的部分还是把画作复原出来……

差不多了!

我觉得是我吃了眼睛缺的那一块! 在那儿!

我吃了一些装裱用的木头……

我要等到明天才可以把吃下的部分修复出来……

蚕之传说（1）

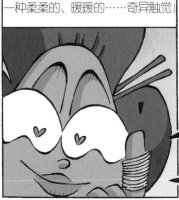

蚕之传说（2）

中国丝绸的热卖让很多人眼馋！

丝绸之路？沿着这条河走！

据说有两位印度僧侣若无其事地来到了中国……

蚕展览

他们带走了蚕卵，送给拜占庭帝国的皇帝！

我把蚕卵藏在了手杖的夹层里！

我藏在了短裤里！

多亏了他们，拜占庭帝国开始纺织丝绸。

咔嚓！
咔嚓！
咔嚓！

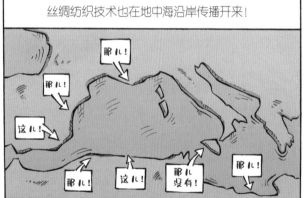

丝绸纺织技术也在地中海沿岸传播开来！

那儿！ 那儿！ 那儿！ 这儿！ 那儿！ 这儿！ 那儿没有！ 那儿！

也有人说那两位僧侣后来又试了一回！

我藏在手杖里！

我还是藏在短裤里，嘿嘿！

嗡！ 嗡！ 嗡！

但这次是蜜蜂，它们运起来可没有蚕这么容易！

嗡！ 嗡！ 嗡！

11

今天，我来给你们讲讲昆虫是如何**排泄**的！

很有意思吧，嗯？

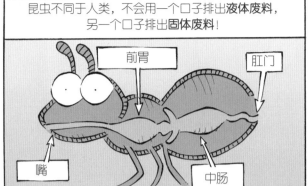

昆虫不同于人类，不会用一个口子排出**液体废料**，另一个口子排出**固体废料**！

前胃

肛门

嘴

中肠

我们所有的废料同时排出体外，而大便的形态通常与食物有关！

有各种样式！

任君选择！

粉蝶毛虫吃白菜叶，它的大便是一个个正方体，对吧？

呃……这个问题有点儿尴尬。

金花金龟的幼虫从不拉屎，它把臭臭都留着，到了化蛹时用它来建保护壳！

喂，这是虫虫隐私！

敲！敲！

只有一个例外，蝉会用腹部的一个孔尿尿。对不起，您可以给我们演示……

？

扑哧！

！

但它通常以此作为自卫武器。

我不喜欢有虫提这样鲁莽的问题！

深山锹甲

地狱墓园

这只松鸦紧追我们不放！

为什么这里遍地都是头！

啪！啪！

啊！

鸟儿吃掉了锹甲的身体，把头扔在了树下……就像炫耀战利品一样？

有了，快这样做！

对！把自己埋进去装死！天才！

？

嘘！

啪！啪！

耶！它飞走了！

不过，我还怕……

显然，不只有鸟爱吃锹甲！

我来了！

吸溜吸溜

欧洲深山锹甲

* **目 / 科：** 鞘翅目 / 锹甲科
* **属 / 种：** 欧洲深山锹甲 (*Lucanus cervus*)

攻击力： +4   **防御力：** +3

简介： 不同于雌虫，雄性的深山锹甲拥有很长的大颚。这叫作两性异形。雌虫也有很强的咬合力。

* **体长**
  雄性：32 至 82 毫米
  雌性：27 至 42 毫米

* **特技**
  · 大颚
  · 力气大

夜幕下的超级英雄

16

防不胜防？

在非洲热带稀树草原的深处……

哇喔！你们也看见了吗？一棵完整的金合欢树！

快看！

我要先吃个肚饱！

我先！

呃，先等等！

咚！咚！ 咚！咚！

我觉得，你们不该……

大嚼！

咔嚓！

啊呜！

啊！

哎哟！

你们又忘了举尾蚁了，它们咬起来可疼了！

哼！

可是……

嘿！我们可以等它们睡了再来或者挖一条地道……

好耶！我有办法了！

？？

呃，还是找一个靠谱点儿的办法……

怎么样？我扮的蚂蚁，是不是很赞？

巨姬蜂，你的任务是将卵产在树蜂幼虫的身体里。

小菜一碟！

这种幼虫藏在树干内部大约10厘米深的地方。

呼噜……

啥？

你的武器：能够穿透树干、长达15厘米的**产卵器**！

对，但……

在这种幼虫身上产卵是你独特的繁殖方式！

吱吱！

吱吱！

你需要耐心……

吱吱！

？

韧性！

果敢！

灵巧！

勇气！

吱！

吱！

吱！

但是，尤其，尤其……

……你一定要很擅长打结！

呃？

不行吧！

巨姬蜂

❋ **目/科：** 膜翅目 / 姬蜂科
属/种： 巨姬蜂（*Megarhyssa macrurus*）

攻击力： +3   **防御力：** +4

简介： 这种特殊的昆虫与蜜蜂、胡蜂和蚂蚁同属于膜翅目。它主要分布在美国东部地区。

❋ **体长**
身体：50 毫米
产卵器：100 至 150 毫米

❋ **特技**
• 探查幼虫
• 灵活

虱子，真是个讨厌的家伙！

对人类来说，虱子的生活是什么样的？

大家都会这样问！

按照人类的说法，我们可以说是最常见的**寄生虫**！

虱子！呸！我不在这儿叮了！

它们吸头皮里的血，恶心……

我们是吸血鬼，以牺牲我们周围的环境为代价来生存，对！

别叫！

呵欠！

而且我们没啥同情心……男人女人，老人孩子，我们会长在任何人身上！

来吧，赶紧！上学要迟到了！

你怎么这么慢……

我们会把周围的所有资源耗光……

嘿，去别的地方吃吧！

还有别的地方吗？

因为虱子会传染**斑疹伤寒**，带来死亡！

斑疹伤寒的事，是真的……

但那些别的，可是人类自己先搞出来的！

人虱

* 目 / 科：虱毛目 / 虱科
* 属 / 种：人虱（*Pediculus humanus*）

攻击力：+4　　**防御力**：+2

简介：人虱是一种人类寄生虫。我们将其分为两种：体虱和头虱。

* 体长
  最短：2 毫米
  最长：4 毫米
* 特技
  ·繁殖力强
  ·令人瘙痒

人类，我必须向你们说清一个事：在我们眼里你们算不上什么！

我将向你们证明，如果我们昆虫有你们的体格，那你们肯定不堪一击！

我随手举几个例子……

快走……嗯……

粪金龟能推动超过它自身重量1141倍的东西，相当于一个人推动68.5吨重的东西，即十头大象的重量！

啪！啪！啪！

一种名为**斜纹小划蝽**的水蝽，鸣叫声超过99.2分贝！大象的叫声可以达到117分贝。但这种蝽个头只有2毫米！

早上好！（葡萄牙语）

早上好！（西班牙语）

早上好！（意大利语）

世界上最大的蚂蚁种群可以从葡萄牙的北部一直延伸到意大利。其中包括数10亿只蚂蚁、上百万个蚁穴。与此相比，人口众多的东京只不过是沙漠里的一个小村子！

跳蚤可以跳到34厘米高，是自己身长的350倍，相当于一个人跳到两座埃菲尔铁塔叠起来那么高！

这个向下的力道可真大呀！

① G：地球表面的重力加速度。在航空领域用来衡量人体在加速过程中所需要承受的力，6G表示承受6倍自身体重。

……它受到的重力加速度相当于140G，而战斗机飞行员所承受的重力加速度才6G①。

109

 蜜蜂的"舌头"

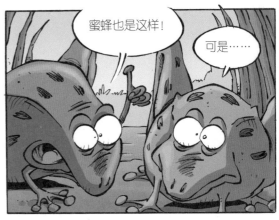

唉，一只虫飞飞也挺好的……

扑啦……

虽然更想破坏人类的食物了……

嘶……

玉米

老实说，单身的日子确实不太好过！

你们理解吗？单……身……没有爱人，什么都没有啊！

嗙适了！

嗷了

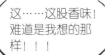

这……这股香味！难道是我想的那样！！！

嗡！！！

啪！

我认得几位黏人的姑娘，但这……

挠头

对，粘蝇纸有时候会散发出一种性信息素的味道！这些虫子都是傻的！

吸溜，好大的糖呀！

地中海粉螟

* 目／科：鳞翅目／螟蛾科
* 属／种：地中海粉螟（*Ephestia kuehniella*）

攻击力：+2　　**防御力：+1**

简介：这种蛾类能够刺透包装袋，又名"谷蛾"或"粉蛾"，以面粉、谷物、蛋糕为食，它们长期待在我们的壁橱中。

* 体长
  最短：20 毫米
  最长：45 毫米
* 特技
  · 贪吃
  · 生长范围广

老兄，怎么样？

还行！

当只**大蚊**实在太难了！

你也有同感吧！

你不厌倦吗？人们老是把你当成蚊子打。

可我是一只大蚊呀，不是蚊子！我们同属**双翅目**，但仅此而已！

别说了，老兄！

好吧，我承认我们还是幼虫时确实会吃各种农作物，我能理解人类讨厌我们！

我也这么想！

但是一旦变为成虫，我们就像那些该死的苍蝇一样没啥杀伤力呀！

该死的苍蝇！

老兄？

老兄？

菜园大蚊

目/科: 双翅目/大蚊科
属/种: 沼泽大蚊 (*Tipula oleracea*)

攻击力: +1　　**防御力:** +2

简介: 大蚊又被称为"库蚊"，它们会隐藏在房屋中较冷的地方。如果遇到捕食者，它们会丢弃自己的一条腿来保命。

体长
最短: 16 毫米
最长: 25 毫米

特技
· 自切

爸爸，你说说，我们**根瘤蚜虫**是怎么在欧洲被发现的？

?

很偶然！我们的祖先是待在美国葡萄树的根上被运到这儿来的！

那大约是在19世纪，很久以前……

但是欧洲的葡萄树不太经得起我们的折腾！

我们造成了相当大的破坏！

哈哈！

从此以后，所有欧洲的葡萄树都与美国的葡萄树嫁接在了一起……所以这并没有影响我们！

证据就是我们糟蹋遍了所有的葡萄酒产区！波尔多、勃艮第、罗讷河谷、阿尔萨斯、博若莱……我们可以说是和葡萄酒融合在了一起！

那杀虫剂呢？

我们习惯了！

没有能让根瘤蚜虫害怕的东西！

没有！

一滴雨！

然而就像人类一样，伟大的品酒师总是不太待见水！

不！别这样！

赶紧跑！

太可怕了！

根瘤蚜虫

✳ **目／科：** 同翅目／根瘤蚜科
属／种： 葡萄根瘤蚜 (Daktulosphaira vitifoliae)

攻击力： +3 ▬▬ **防御力：** +1

简介： 这种吸食类昆虫是蚜虫的近亲。它可以孤雌生殖，也就是说雄虫在繁殖中不是必需的。

✳ **体长**
最短：0.3 毫米
最长：3 毫米

✳ **特技**
· 破坏
· 入侵

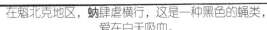

蚋

在魁北克地区，蚋肆虐横行，这是一种黑色的蝇类，爱在白天吸血。

呃，请问……

吸！

吸！

你们是怎么吸到血的？我做不到，该死！

要用锯齿状口器切开皮肤，血就在皮肤下面！

好吧……试试看！

吸！

吸！

吸！

吸，

怎么都切不开，太折磨虫了！

？

这样，你在脖子上吸！那里的皮肤最细嫩！

脖子？OK！

吸！

吸！

吸！

吸不到，我觉得是不是我的口器坏掉了？

呃……

你个蠢蛋！我觉得是你的脑子坏掉了！

啊，是吗？

蚋

✹ 目 / 科: 双翅目 / 蚋科
属 / 种: 未知蚋（Simuliidae sp.）

攻击力: +5　　**防御力:** +4

简介：这种黑色的小蝇子在魁北克和非洲都很常见，它们像蚊子一样破坏力很强，不同之处是它们在白天吸血。

✹ **体长**

最短: 1 毫米
最长: 5 毫米

✹ **特技**

叮咬
飞行速度快

灰裙尺蠖蛾

相比别的昆虫，**灰裙尺蠖蛾**有一个很明显的特点！

这是交配的好时节！！！

雌虫没有翅膀。

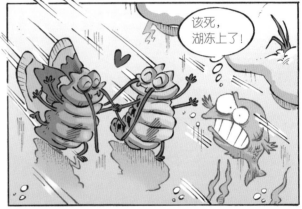

该死，湖冻上了！

可灰裙尺蠖蛾这一年剩下的时间干什么呢？

它们会闹伤风！

灰裙尺蠖蛾

目/科： 鳞翅目/尺蠖蛾科
属/种： 灰裙尺蠖蛾（Erannis defoliaria）

攻击力： +2　　**防御力：** +1

简介： 雌虫无翅，它们会待在树干上，释放一种芳香物质来吸引雄虫。雄虫会飞。

体长
最短：10毫米
最长：15毫米

特技
· 耐冷
· 会飞（限雄虫）

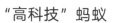

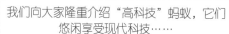

果蝇

果蝇，又名醋蝇，是一位明星昆虫！

想要签名照或题词……

请联系我的经纪人！

它在基因学的发展过程中发挥了重要作用……

用数据说话！

没我之前

有我以后

然而，它与人类有一个共同点！

啊呜！

吸溜！

遭遇爱情的背叛后就会喝酒，喝很多酒……

你为是（什）么要足（走）？

……我亲爱的……嗝……

嗝！

不幸的苍蝇会比没啥心事的苍蝇多喝15%的酒……

别摸我！俺比你不幸得多！

嗝！嗝！

？

嗡嗡！！

嗝！

虽赖了？（谁来了？）

啊呜！

吸溜！

你好，是我，蚊子……

你的老婆……也泡（跑）了？

鼻！

？

嗝！

不！不！

我只是吸了一个被抛弃的家伙的血……

你为是（什）么要足（走）？

嗝！

嗝！

？

为了消灭残杀蜜蜂的**亚洲胡蜂**，人们试了各种方法……

陷阱、农药……没用！

亚洲胡蜂

❋ 目 / 科：膜翅目 / 胡蜂科
属 / 种：黄脚虎头蜂（Vespa velutina）

攻击力：+7　　防御力：+5

简介：这种胡蜂会用自己长长的脚停在蜂巢前抓蜜蜂给它的幼虫吃。成虫更喜欢花蜜和水果。

❋ 体长
最短：30 毫米
最长：35 毫米

❋ 特技
有力的大颚
悬停

35

 大旅行家

当一只虫子离开它的家乡时，会发生什么？

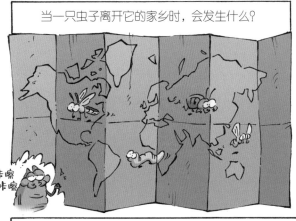

我们已经看到了根瘤蚜虫是如何举家迁徙来到另一个国家的！

我们马铃薯甲虫，来自美国……

我们会好好折腾你们的马铃薯的！

昆虫迁徙，有些是为了食物……

蚂蚁士兵们，停下用餐！

有些是为了交配，比如君主斑蝶！

下次我带你去威尼斯！

下次我们还是坐飞机吧！

但一只被关进车里的苍蝇……

我是谁？ 我在哪儿？

我要干啥？

或是一只离家多年，又回到老巢的蚂蚁……

我是第162387号工蚁！

你早就被顶替了！

找个别的地儿吧！

……向我们证明了昆虫迁徙绝不是为了寻开心……

除了某些例外的时刻！

哦！这也太棒了！

许多国家的人都吃虫子！在一些地区，人们吃白蚁……

有些公路边，有胡蜂巢卖……

有些吃蚂蚁、蠕虫和蟋蟀……

有些吃大黄蜂的幼虫和蛹！

而有些地方的人畏首畏尾……尽管虫子非常有营养……

而且，食用昆虫会让那些常见的食用动物重获新生！

总之，这值得一试！

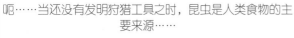

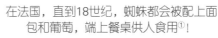

现在，吃虫子这件事让我们有些抵触……
（否认是没用的……）

但是未来会怎么样呢？别急着下定论！

虫铺取代了肉铺……

超市会提供数吨的新产品……

家畜养殖户也做出了改变……

几年以后，思想会发生彻底的变化！

安东，你那本关于昆虫的破书有没有解释：为什么在夏天的傍晚，小飞虫会聚集在我们的脚下？

呃，有……这里有写……

这不是小飞虫，而是蚊子、蜉蝣或是**摇蚊**！

摇蚊？

摇蚊的幼虫就是**花瓶虫**，是不是听起来普通多了？

还是没说清楚为什么它们会聚集在一起。

就不告诉你！

有人说，这种**虫云**是夜行动物最好的食物来源！

猫头鹰

布谷鸟

刺猬

见着光就忍不住聚集在一起，说明这些小虫子一点儿智商也没有！

啊，焰火开始了！

不予置评……

哇！　哇！　哇！

40

蚁穴待售

您是否已经厌倦了城市，以及您那紧邻人类的蚁穴？您想搬家吗？您是否在寻找一个安全、稳定、互助且食物充沛的地方？我有您想要的！一个理想的住所，一个完美的家，一所"一见钟情"的房子，一个不大却温暖的蚁穴。它可以让您幸福地抚养您那数百万个孩子长大。请跟我来……我来带您参观！

正如您所见，这个完美的蚁穴建造得非常坚固。我们称其为**地上巢**，您也可以叫它"地上住宅"。什么叫地上巢？这是所有欧洲蚁穴中最复杂的形式。科技含量很高。它是一种以土壤和**植物腐殖质**为原料的建筑，其既高出于地表，又深入地下。

建造这种巨大巢穴的，即它的业主，叫**红褐山蚁**。这种蚂蚁习惯绕着一个树桩来建造蚁穴。是真正的树木！整个巢穴

够大吗？因为我们东西比较多……

不少于 4 层，第一层由 5 ~ 20 厘米厚的沙粒、松针和植物腐殖构成，起到了完全防水的作用！接下来是围绕着树桩的一层小树枝，这一层可厚达数十厘米，用来加固地上建筑。接下来那一层是以细小的植物颗粒和小石子构成。最后，蚂蚁们会在地下各处挖出很多地道。我跟您说，这称得上一个工程学的宝库。

蚁穴内部也不会让您失望的，请跟着我来……小心，天花板有点儿低。

对了，在深入蚁穴之前，我先要提醒您，它有很多个主要入口。所有的入口都有蚂蚁守卫，它们只会让特定的蚂蚁通过。您一定要习惯这一点！您别无选择，因为如果您不这样做，它们就会把您撕成碎片。

© Ludovic Lefaix（卢多维克·勒费）

防空部（1）和保安室（2）

蚁穴的安保高于一切。面对最微不足道的攻击、最小的危险，保安室里的**兵蚁**都会出动。在外边，还有炮兵监视着敌人，其能够将腹部转向敌人喷射蚁酸。

© C. LEBAS - Antarea（C. 拉巴 - Antarea）

育儿室

这是专为幼蚁和蛹准备的，每一个都被放置在一个茧房里。保姆会喂养它们，保姆的口水里含有**糖分**和**抗生素**，能够保证这些未来的蚂蚁免受疾病和寄生虫的困扰。当然，您不用做这些，只要保证您的孩子们不会流口水。

昆虫学知识点

红棕林蚁

拉丁名称：*Formica rufa*　足的数量：6 只（说明这是一种昆虫）

生活地点：针叶林

生活模式：社会性昆虫，有时一个种群可包含数千个个体，同在一个覆盖着针叶穹顶的巨大蚁穴里生活。

饮食方式：杂食性动物（蜜露、昆虫和其他的小动物，以及种子等）

防卫模式：喷射蚁酸、噬咬

特点：一个种群里可能有好几只蚁后！

由于红棕林蚁数量庞大，吃虫子和种子，还会把它们撒得到处都是，因此它们是森林生态系统的重要组成部分之一。

© C. LEBAS - Antarea（C. 拉巴 - Antarea）

孵化室

蚂蚁根据个头大小来挑选卵，然后把它们放在孵化室里。但是请注意，这里是孵化室，不是鸡窝！所以不要碰那些卵！

日光浴场

这个屋子是正南朝向的。您可以在这儿度过大把的休息时间。这个保温室目前是用来存放等待成熟的蚁茧的。这里的温度维持在 38 摄氏度。

垃圾场 & 墓园

您看，蚂蚁是很有组织性的生物。毫无疑问，地道被各种东西装得满满当当。但这里还有清洁工负责清空垃圾（种子的外皮、猎物的甲壳），它们也会清除种群里死去蚂蚁的尸体。正因为这样，蚁穴总是非常干净。

©C. LEBAS-Antarea（C. 拉巴－Antarea）

蚜虫养殖场（A）和食品储藏室（B&C）

这里负责整个种群需要的食物。在养殖场里，蚂蚁会用它们的触角来按摩蚜虫的腹部来"挤奶"，这是获取蜜露最好的方式。您也会喜欢这种甜蜜柔和的食物！肉类，也就是蚂蚁所捕获的猎物（甲虫、苍蝇、蝈蝈）都存放在食品储藏室里。可以肯定的是，您在任何情况下都不会挨饿。

堆肥室

您对我说，这样一套房子供暖可是个问题。您说得可不对！我们事先都考虑到了。堆肥室里各种叶子和植物能够带来高达 20 ~ 30 摄氏度的温度，这不是很棒吗？您还等什么呢？

皇家套房

蚁穴的最底层是留给蚁后、幼蚁和蚁卵的。在皇家套房里，蚁后会不停地产卵，同时还有大量工蚁负责喂养和照顾它。您就不用考虑住在这个房间里了，我跟您说了，这是属于蚁后的。

©C. LEBAS-Antarea（C. 拉巴－Antarea）

您觉得之前那个蚁穴太大了？太偏僻了？没问题，我的本子上还有好多供选择的蚁穴。无论是在法国还是在其他国家，是在阳光充沛的地方、热带地区，还是在山区，我敢肯定，我一定会帮您找到您梦想中的家。

在树上

您想看得更高，想更接近大自然！您是个挑剔的客户，不过没问题，我是个专业的房地产经纪人，我已经为您找到了这样特殊的地方，在广阔的热带稀树草原上，您可以在金合欢树的树洞里筑巢。树刺可以用来筑巢。邻居有点儿……怎么说呢……笨拙。但是可以跟大象和长颈鹿一起生活。您看，这太美了。呃，您担心非洲太干燥了？没问题，我们还有在亚洲的蚁穴可供选择，它们也很不错。

留土巢

您觉得外部建筑太碍事？我向您推荐一种完全在地下的蚁穴。我们叫它**留土巢**。我坦白跟您讲，有一些古老的蚂蚁很喜欢这种巢穴，比如**斗牛犬蚁**。但这也很不错。您同样在平地上有大房间，地道也能供两只蚂蚁同时穿过。这对搬家来说很好。不过，别想这里能安置下几百万只蚂蚁，它不够大。但招待几位客人的地方也是有的。

织叶巢

这是我有的最好的、奢华级别的蚁穴。我有些**织叶蚁**朋友，它们有个巢要卖，非常棒。就在热带雨林里，完全由叶子做成。对，就像是长尾豹马修[1]的窝，但是更可爱点儿。啊，我向您保证它非常牢固。蚂蚁组成蚁链来抓住这些叶子，由一只工蚁用幼虫分泌的丝像缝衣服一样把它们缝合起来。您看，是丝绸做的。是不是很奢华？

昆虫学知识点

度过冬天

蚂蚁，就像所有的昆虫一样，它的体温受到外部环境的影响。当天气异常寒冷时，蚂蚁就不那么活跃了，它们会进入休眠状态。在一年中，它们的活跃期总是伴随着外部天气的转凉而接近尾声。在寒冷的季节里，所有的蚂蚁都会转入地下，在一个不结冰的地方待着。根据地区和天气的不同，这一时期会持续4~5个月不等。当天气随着春天的到来而逐步回暖时，蚂蚁会苏醒过来，继续它们的活动。

它们说春天还没来，不是吗？

喂，你听得见我说话吗？

这个巢挺大的，视野也不错，但是我对邻居有点儿担心……

咕咕！

啊呜！

[1] 一本比利时漫画中的主人公。

© C. LEBAS-Antarea（C. 拉巴 –Antarea）

回归人类世界

最后，您说还没有准备好离开人类？没问题，我跟您说，我还有一些很好的选择！我建议您加入**阿根廷蚁**的种群。但是，您知道这种浅棕色的小蚂蚁爱糟践屋子。如果您喜欢大家庭，那您就算找对了。我们发现它们有一个超大的组织，从葡萄牙一直延伸到意大利，横跨整个法国南部。其中包含数十亿只蚂蚁、好几千个蚁后，您想要啥样的巢穴都有，真正的蚂蚁廉租房。我可以陪您一起去，但阿根廷蚁对其他种类的蚂蚁有点儿不友好。它们会把其他的蚂蚁通通毁掉。如果您不介意，我还是想待在这儿，我还有一两个客人要来……

纸板屋

现在全世界都在追求便宜又好的东西。但我不太想给您推荐纸板屋……不过，我刚好有一间。

当当当！这是**毛蚁**的巢，一个杰作。它们是在一个中空的树干里建的，全部采用木质纤维建造，工蚁用分泌物和蜜露合着这些纤维嚼成纸板。这非常棒，看起来就像一大块海绵。好啦，没什么可恶心的。我跟您说，人类也吃蜂蜜，一回事！

昆虫学知识点

耶！淋浴、冰箱、空调！这儿真是太好了！

还有，这里有340多个台呢！

跳！ 跳！

© C. LEBAS-Antarea
（C. 拉巴 –Antarea）

婚飞

通常，在某个炎热的夏季白天，所有有翅膀的蚂蚁会同时倾巢而出！它们飞行是为了在空中交配，这就是婚飞。蚂蚁公主（未来的蚁后）会和好几只雄蚁交配，之后它一生都会用这次婚飞储存下来的精子产卵。而雄蚁只能存活 2 ~ 3 天，因为它们不会独立进食。交配过后，蚁后就会扯掉自己的翅膀，尝试建立一个全新的独立种群。有几种红棕林蚁的新蚁后没有能力照顾自己的后代，也不能独自建立新的种群，这种种群被称为"属群"。

蚁后　雄蚁

工蚁

不同的阶层

在一个蚁穴里，你会发现不同的阶层：蚁后、工蚁和有性别的蚂蚁（处女蚁和雄蚁）。这些都是成年的蚂蚁，扮演着不同的角色。蚁后大部分时间都在产卵，并将卵给大小不一的工蚁（这取决于它们在幼虫阶段所获得的营养）抚养，工蚁无繁殖能力，主要担负着育幼、照顾蚁后、维护并保卫蚁穴的任务。年轻时，工蚁身兼保姆与清洁工之职，老了以后，它们又成了征粮队（去蚁穴外收集食物）和兵蚁。有翅膀的蚂蚁公主（未来的蚁后）和蚂蚁王子过着幸福的生活。在等待婚飞的过程中，它们都由工蚁来照料。

© C. LEBAS-Antarea
（C. 拉巴 –Antarea）

蚂蚁及其相关

就像其他所有的物种一样，蚂蚁也在不断和周围的环境互动：它们会吃别的动物，也会被别的动物吃掉；它们会被别的动物忽略，也会和别的动物打架。当蚂蚁遇到同一个种类的另一个种群时，它们也会为了保卫领土而展开激战。对其他动物（昆虫、鸟类、哺乳动物）来说，蚂蚁是取之不尽的食物来源！蚂蚁自己为了维持种群，也需要大量的食物，它们什么都吃：昆虫、别的小动物、水果、种子……它们喜欢蜜露，这是一种由蚂蚁养殖并保护的蚜虫或者毛虫所生产的甜蜜液体。还有一种奇异的互动：某种斗牛犬蚁会被一些毛虫（属灰白蝶）诱骗，这种毛虫会模仿它们的气味来占领它们的蚁穴。

好，就这样。您想好了吗？您又不想要一个固定的巢穴了。好吧，如果您想要，我有一个特别棒的露营的机会。您喜欢露营吗？加入行军蚁，尝试与众不同的经历（对，对，我也干导游，现在房地产有点儿不景气！）……

无论是在美洲还是在非洲，无论是**游蚁属**，还是行军蚁属，还是**矛蚁亚种**，行军蚁都是流浪者。它们总是在移动，所以不需要建一个固定的巢穴。它们过的是宿营的生活。工蚁每天为自己建一个巢，然后彼此的巢黏合在一起。而蚁后和幼虫就生活在几十万只蚂蚁建造的活动营地里。

好了，不是只有您和行军蚁生活在一起。它们非常受欢迎，所以有好几十种生物跟着它们一起生活。**蜥蜴、獴、灵长动物、节肢动物**……据说总有动物在这种蚂蚁出没的地方觅食，或直接以它们为食。

这就是您想要的？好，您是客户，您说了算。如果是我，我不太能忍受流浪生活，试都不想试！还有，我得为我其他的巢穴找买家呢，您认识想买房的人吗？

© C. LEBAS-Antarea
（C. 拉巴 -Antarea）

© C. LEBAS-Antarea
（C. 拉巴 -Antarea）

© C. LEBAS-Antarea
（C. 拉巴 -Antarea）

如果您不想住在这儿，就不要把这儿当作食品储藏室了好吗？

文本：弗朗索瓦·沃达扎克

昆虫学知识点：卢多维克·勒费　拉尔·伊特拉克 - 布吕诺　马蒂厄·德弗洛雷斯和斯特凡妮·卡塞罗

照片：克洛德·拉巴 & 卢多维克·勒

绘画：科斯比　克里斯托夫·卡扎诺夫弗朗索瓦·沃达扎克

爆笑看点 · 昆虫知识
篇篇有 · 学到手

飞得最快的昆虫·战斗力最高的昆虫·力气最大的昆虫
放屁20万吨的昆虫·伪装成便便的昆虫
......

跳蚤吃恐龙？昆虫能吃鸟？
蟑螂能当"搜救犬"？蚂蚁也有"空调"？
蜜蜂会做数学题？
昆虫的血液有多少种颜色？